YEWAI JINGLING
GUOZILI

◉ 果子狸

野外精灵

孟涛　主编

泰山出版社 · 济南 ·

图书在版编目（CIP）数据

野外精灵. 果子狸 / 孟涛主编. —济南：泰山出版社，2020. 12

ISBN 978-7-80634-964-9

Ⅰ. ①野… Ⅱ. ①孟… Ⅲ. 果子狸—青少年读物 Ⅳ. ①Q959.838-49

中国版本图书馆CIP数据核字（2020）第212087号

YEWAI JINGLING · GUOZILI

野外精灵 · 果子狸

主　　编　孟　涛
责任编辑　徐甲第
装帧设计　路渊源

出版发行　泰山出版社
社　　址　济南市泺源大街 2 号　邮编　250014
电　　话　综　合　部（0531）82023579　82022566
　　　　　　市场营销部（0531）82025510　82020455
网　　址　www.tscbs.com
电子信箱　tscbs@sohu.com
印　　刷　山东临沂新华印刷物流集团有限责任公司
开　　本　170 mm × 240 mm　16 开
印　　张　4.75
字　　数　85 千字
版　　次　2020 年 12 月第 1 版
印　　次　2020 年 12 月第 1 次印刷
标准书号　ISBN 978-7-80634-964-9
定　　价　45.00 元

果子狸想说的话

人类：

你们好！

我是这个地球上千千万万种野生动物中特别特别普通的一员，我的名字叫花面狸，因为我爱吃果子，所以人类还给我取了个名字——果子狸。本来我是一个森林中与世无争、默默无闻的无名小卒，谁曾想，一夜之间我就成了家喻户晓的“大明星”，然而此“明星”非彼“明星”，与备受关注相比，我更喜欢久居深山的简单生活。无奈，人们非要把我们拉到大家面前，那我就来给大家说两句我们果子狸的心里话。

一直以来，我们都自由自在地生活在森林中，饿了吃果子，渴了喝山泉，每天带着妻儿老小游山玩水，好不自在。后来，情况慢慢发生了变化，同样生活在地球上的人类开始建造城市，为了获得大量的木材，他们砍伐森林，一点点地侵占我们和其他动物们生活的家园。我们被迫退让，尽量远离人类。如果仅仅是这样，我们也可以和人类和平共处，你住你的大城市，我住我的大森林，相安无事。然而，这只是我们的美好愿望罢了，人类想要的还有更多。不知道从什么时候开始，人类又给我们这些森林中的野生动物们取了另外一个名字，叫作“野味”。他们圈养了猪、牛、羊来满足自己对肉类的需求，这已经持续了数千年。可是他们偏偏不满足于此，非要来吃我们这些所谓的“野味”，还美其名曰“高营养”。唉，我们久居深山，才疏学浅，实在搞不懂，同样是肉类蛋白，能有什么不同？

人类有句话叫“祸从口出”，可是对于“野味”来说，情况就不同了，可以叫“祸从口入”。人类为了口腹之欲，不仅把我们抓来作为盘中餐，还慢慢地把我们关到笼子中养起来，让我们失去了自由，并给我们吃一些我们并不喜欢的饲料。我们受些委屈倒也无妨，然而把我们关进笼子里后，大大增加了我们和人类直接接触的机会。终于，人类在受到大自然的惩罚后开始寻找原因，于是，我们果子狸和很多动物就被推到了前台，成了动物界最大的“背锅侠”，这真是六月飘雪，天大的冤情啊。的确，被关在笼子里的我们身上会携带一些能够引起人类疾病的病毒，但是向人类传播病毒并不是我们的本意，我们更不是病毒的源头。我们本来是与人类和平相处、相安无事的，正是从人类把我们抓到笼子里开始，我们才成了病毒的传播者，才成了人类眼中的大恶魔。所以病毒的肆虐是人类自食其果，而不是我们恶意传播的结果。

听说人类终于意识到了问题的根源，他们已经不再把我们当成盘中餐了，也不再把我们关进笼子里饲养了，而且那些关在笼子里准备送上餐桌的小伙伴们也逐渐被人类放回到了森林里，我们终于可以自由自在地生活在大自然中了，终于不用担心被关进笼子里、送到餐桌上了。

很高兴看到人类迷途知返，开始把我们当成朋友来对待。我们和人类本就是一家人，都是这个地球上的合法居民，是相互依存的好朋友。我们真的希望可以和人类和谐相处，永远共同生活在同一片天地中。

目录

CONTENTS

第一章　果子狸的第一印象

果子狸，真正的学名叫花面狸（*Paguma larvata*），英文名称“Masked Palm Civet”，根据字面意思，可以直接解释为“戴着面具的狸猫”，因为它们非常喜欢吃植物的果实，所以人们又给它们取了另外一个形象的名字，叫作果子狸。

果子狸

一、初识果子狸

成年果子狸通常个头不大，头体长400～690毫米，体形与家猫相似，但果子狸嘴巴更尖、头比家猫更长。果子狸拖着一条长长的尾巴，尾巴的长度与身体的长度差不多，其靠近身体的一半呈灰白色，尾端为黑色。它的尾巴虽然长，但是不像猴子的尾巴那样可以缠绕在树上。果子狸的四肢比较短小，每只脚都有5个趾。

果子狸一般呈灰色或棕色，四肢棕黑，足背则为乌黑色。它最让人印象深刻的特征就是鼻梁至额顶的那一条白色面纹，眼下（长方形）、眼角（扇形）和耳前（半圆形）的白色斑纹，与脸部黑色毛发混搭在一起，跟京剧中的脸谱有点相似，似乎是要把自己装扮得可爱一点，显得不那么严肃，这样才符合它呆萌可爱的气质，“花面狸”的名称亦由此而来。

部分果子狸的颈背会因季节或地区不同而发生变化，多数地区的果子狸到了冬季，其颈背纹会退化消失。

二、果子狸的美食

果子狸，顾名思义是以果子为主食的。果子狸常在树上活动，成熟的果实就成了果子狸的首选“主食”，榕树果、长青栎果以及桃、杏、梨、荔枝、龙眼等带酸甜味的各种浆果或核果，都是它们的最爱。果子狸非常嘴馋，一旦发现爱吃的成熟果实，会一直惦记着，不断返回最初发现果实的地方觅食，甚至是每晚必到。

有时食物不够了，它们还会去农民的果园里“赊”些水果来充饥，这让农民们很是头疼。

尽管果子狸的“主食”是各种各样的果实，但是果子狸也吃其他食物。

我最喜欢吃果子啦

它会根据其生活的地点以及季节的变化而寻找不同的食物，同时，它们也会为自身健康着想而给自己“加餐”。科学家在野外调查时，在果子狸尸体的胃里发现过鸟的残骸、小鸡骨架、青蛙、蚯蚓等“高蛋白”食物的残渣。科学家们进一步的研究表明，果子狸不仅“很会吃”，还“很注重养生”。果子狸的食谱里以水果类植物（约占 37.5%）和节肢动物（如蚂蚱等，约占 25.2%）为主，为了身体健康还会搭配非水果类植物（约占 9.9%）以及小型哺乳动物、爬行动物和鸟类（约占 7.7%）。荤素搭配，营养很均衡。不仅如此，果子狸还会根据季节变化调整自己食谱中各种美食的比例：在春季时，果子狸会增加蚂蚱、蜘蛛等节肢动物，非水果类植物和小型哺乳动物的摄入量；而到了夏天，树上开始有水果出现时，果子狸会在保持其他食物摄入量的同时，增加水果的摄入量；秋天是果子狸最喜爱的季节，因为此时是水果丰收的季节，树上挂满了各种各样的果实，这时各种水果成了果子狸最主要的食物，约占果子狸全部食物摄入量的一半；到了冬季，由于果子狸有半冬眠的习性，在秋季“大吃特吃”之后，储存了一定脂肪的果子狸对食物的需求并不强烈，只在气候温暖的时候出来活动。

三、果子狸神秘的家

果子狸通常喜欢居住在森林里，从原始的常绿林到落叶次生林，从稀树灌丛到间杂石山的稀树裸岩地，不同的森林里都能发现它的身影。

白天，果子狸喜欢躲在树冠、树洞、土穴或浓密灌丛中休息，到了夜深人静之际，它们才缓缓出来觅食。冬春时节，它们多在洞穴中休息；夏季炎热时，它们常隐于浓密灌丛中。为了保证休息时的安全，果子狸选择通道狭窄、曲折、幽深的树洞或石洞休憩，通常还会有两三个洞口，方便遇到危险时逃生。

夏、秋两季，为了方便觅食，果子狸通常会选择在灌木丛密度较大、隐蔽性好、水源丰富且距离人类活动区域较近的阔叶林里的巢穴。一般巢穴会选在斜坡或陡坡的上坡位、阳光充分的区域，这是因为阳光充沛的区域食物丰富，将巢穴建在此处，既可以保证隐蔽性，方便逃避敌害，又可以充分保证食物的来源。到了冬季，由于需要冬眠且对食物需求较少，果子狸会选择海拔较高、隐蔽性好且远离人类活动区域的森林栖息，以保证不被打扰。

四、果子狸的一天

由于果子狸是夜行动物，所以当其他动物高唱着“早起的鸟儿有虫吃”时，它们却躲在舒服的洞穴或树枝上呼呼大睡。等到夜幕开始降临，其他动物陆续回巢时，它们才不紧不慢地从巢穴里出来，享受属于它们的夜晚时光。夜间 22 点到次日凌晨 1 点通常是果子狸的活动高峰期，人们在这个时间段可能会在树上发现它们亮闪闪的眼睛。

果子狸对于喜食的水果十分执着，当在夜晚觅食途中发现喜食的水果成熟了，它们就会像美食家发现了美食一样，立刻前去大快朵颐一番；如果果实充足，它们会反复“光临”。但果子狸可不是个文明的“食客”，在吃完水果大餐之后，它们通常会将现场弄得一团糟，树干、树枝都会留下它们的斑斑爪痕，树杈上和树根附近也常有许多带果核的粪便。尽管行

到了晚上就是我行动的时间

为“不文明”，但是果子狸的这些粪便却是森林不可或缺的，许多果树就是靠着果子狸的粪便把种子播种到其他地方。科学家的研究表明，果子狸至少取食 67 种野生果实，能传播 66 种野生种子。果子狸对不同生态环境间的种子（特别是一些大种子）交换、基因流动以及次生环境的恢复都具有重要的意义。所以尽管果子狸是个不文明的“食客”，但是大部分的森林还是非常欢迎它的到来的。

五、不一般的生存绝技

果子狸常年生活在树林或灌木丛中，身体和四肢的毛色逐渐变为灰色或棕色，这成了果子狸很好的保护色，可以让天敌不容易发现它们。同时，由于常年在树上生活，果子狸练就了一身不俗的爬树功夫，不逊色于

白天，我喜欢趴在树上休息

猴类动物。果子狸平常十分警觉，遇到惊吓或危险能依靠其灵巧的四肢和长尾在树枝间攀跳自如，让天敌望尘莫及。但是如果遇到捕猎技巧很厉害的天敌，碰巧又没有树可以爬怎么办？放心，果子狸还有一项压箱底的“绝招”——放臭气。在遇到危险时，部分果子狸会像臭鼬那样，从肛门释放“臭味炸弹”，熏走敌人，为自己争取逃跑时间。果子狸能放臭气是因为它的肛门附近具有臭腺，臭腺分泌带有臭味的液体，在关键时刻，果子狸以此来保护自己。

六、团结友爱的大家庭

果子狸是群居动物，它们的集群性很强，喜欢大伙住在一起，经常可以看到 2 ~ 15 只果子狸成群结伴活动、越冬。有科学家救护饲养果子狸时发现，大多数时间，它们都喜欢相互紧挨着寻找安全感，不会轻易分开，若几只离开活动，其他同伴也会急忙跟上，感情别提有多好了。

果子狸的大家庭中主要以雌性果子狸为主体，到了繁殖季节，雄性果子狸才会到来，与雌性组成家庭。一般几只雌性果子狸分别产完幼崽后会带着幼崽组成一个家族，雄性果子狸和未产崽的雌性果子狸生活在一起或分开独居。有时为了更好地度过严冬，几个家庭会合在一起形成家族，占据一定区域，一同觅食，一同住在洞穴中躲避寒冬。

然而，对于家族外的陌生果子狸，它们可不会客气，完全不是平常可爱的模样，而是对入侵者展开攻击，坚决捍卫自己族群的领地。

七、果子狸宝宝们的成长历程

果子狸一般在每年 4 ~ 6 月份生产果子狸宝宝，通常果子狸妈妈一胎可以产下 3 ~ 6 个幼崽。果子狸宝宝出生后生长发育较快，一般 5 ~ 6 个月大小的果子狸的体重就可以达到 3 ~ 5 千克。出生之初的果子狸幼崽的毛色和斑纹与成年果子狸有着明显的差别。果子狸幼崽刚出生时，毛短、密，呈乳白色或淡灰色，背部会有 2 条模糊的条纹，非常可爱，但是脸上还没有出现标志性的白色斑纹。出生 17 天左右，果子狸幼崽的脸上才会显示出独有的“花面”，乳白色的毛也开始慢慢变淡。等到幼崽长到 3 个月左右时，果子狸妈妈为了让幼崽学会野外

看我小时候的靓照

生存，就开始断奶让幼崽单独进食，这时幼崽的毛发逐渐变黄，变得跟成年果子狸的毛色相似。

果子狸也像人一样会换牙齿，果子狸幼崽通常在出生当年的10月份开始第一次换牙，一般这个过程要延续到第二年秋季，一直到恒齿全部长齐。1岁左右的果子狸就已经真正成熟了，可以与其他同伴一起外出觅食、繁衍后代并组建自己的家庭了。

（韦　晓）

第二章　果子狸的科学认知

一、果子狸的分类地位

根据生物学专家们确定的分类系统，果子狸在自然界中属动物界、脊索动物门、哺乳动物纲、食肉目、灵猫科、花面狸属。

知识小贴士

生物的分类等级

分类学专家们根据生物之间亲缘关系的远近以及在形态特征、生活习性等各方面的相同或相异的程度，将大自然中的生物按不同的等级进行分类，形成了一套有规律的分类系统。

生物的分类系统等级由大而小共有7个级别，分别是界（Kingdom）、门（Phylum）、纲（Class）、目（Order）、科（Family）、属（Genus）、种（Species），这些等级在分类学专业术语中叫作分类阶元或分类等级。

任何一个已知的生物均可无例外地归属于这几个等级之中，当发现新的物种时，科学家们就会根据对这个新的物种的研究和了解，将它归入到分类等级中，直到给它取一个新的种名，这样，这个新的物种就有了属于自己的分类学身份。

生物分类系统中的每个分类等级下的所有物种都有一些共同的特征，如“界”这一个分类等级中有“动物界”和“植物界”之分，而动物界中的所有物种一般都能感觉，能自主运动。根据这一规律，果子狸在动物界中分类等级可以归纳如下。

分类等级	一般特征
动物界	能感觉，能自主运动
脊索动物门	有支持功能的脊索（脊椎）
哺乳动物纲	体温恒定，胎生、哺乳（以乳汁哺育幼崽）
食肉目	大多数肉食性，牙齿尖锐有力，胃简单，肠短
灵猫科	体形细长，后足仅具4趾，四肢短，具腺囊
花面狸属	面部有一条白纹，四肢短，尾长几乎等于体长

从上面的果子狸在动物界中的分类等级可以看出，果子狸是花面狸属的动物。“属”这一分类等级中，往往会包括几个或许多个种，它们都有些共同的特征，所以被归类在同一“属”。而花面狸属则不同，这一“属”仅有果子狸这一种，在科学界称之为单行种。也就是说，果子狸这一物种真的很特殊，在自然界中没有与它特别相近而能够归为同一“属”的动物，因此它只能成为花面狸属的“独苗”了。

二、果子狸的学名

严格来说，“果子狸”或者“花面狸”只是这种动物的中文名称，果子狸的英文名字叫作“Masked Palm Civet”。那么问题来了，我们怎么才能知道中国人说的“果子狸”和外国人说的“Masked Palm Civet”是同一种动物呢？也就是说，当使用不同语言的人在一起时，如何确定他们讨论的是同一种动物呢？这就要介绍一下果子狸真正的学名。

晚上，我会偷偷出动

果子狸的学名是“*Paguma larvata*”，因为组成这个名字的两个单词都是拉丁文，所以我们把它叫作果子狸的拉丁学名。这个名字是怎么来的呢，这就要介绍下双名命名法，也叫作二名法。

在生物学中，双名命名法是命名生物物种名称的标准，它是自林奈在1753年的《植物种志》一书之后，物种学名所采取的标准形式。之所以称之为“双名”，是因为这个标准规定：每个物种命名的名字都要有两部分构成，即属名和种名（即种加词），并于这个名字后附上给这个物种命名的科学家的名字，但一般在动物学名引用时常省略命名者的名字。

根据双名命名法的命名规则，果子狸的学名是“*Paguma larvata*”，其中“*Paguma*”为果子狸的属名，“*larvata*”为果子狸的种名。

三、历史上的果子狸

果子狸这个名字从字面来看，很容易将其划归为“狸”一类的动物，而“狸”字在现代汉语词典中解释为狸猫，是一种野生动物，形状与猫相似。因此，中文的狸并非我们熟悉的果子狸。反倒是其英文名字中的“Civet”，是特指灵猫类的动物。

在中文中有很多被称为“狸”的动物，果子狸只是其中之一。古人关于狸的记载最早见于《诗经》，《诗经·幽风·七月》中记载："取彼狐狸，为公子裘。"这里记载的狐狸并非是现代汉语中对狐的通称，而是指狐和狸两种动物。古时候人们对动物的认知水平有限，不像现代的动物分类学一样可以如此精确地分辨或描述某一物种，因此古人对于某些物种的了解或记载一般也只能局限于描述某一类动物。就像"狸"这一动物，在古代所指应当是一类而非一种动物。而在记载中出现"果子狸"这一称呼比较早的资料应该是明朝黄仲昭所编著的《八闽通志》，在该书卷之二十六《毛之属》中有记载："狸俗呼果子狸。"由此可见，果子狸仅仅是古代众多"狸"中的一种。这一名称在古代也是一种俗称，有时也会根据不同地域以及所食果子的不同而相应改变，因此，果子狸又会有"李狸""柿狸""柿猫"等俗称。

四、果子狸的分布——一方水土养一方狸

果子狸不挑食的特性让它拥有了强大的适应能力，在世界的很多地方都有它的身影。果子狸广泛分布在东亚、东南亚和南亚的部分国家和地区，包括孟加拉国、不丹、文莱、柬埔寨、中国、印度（安达曼群岛）、印度尼西亚（苏门答腊岛、加里曼丹岛）、老挝、马来西亚（马来西亚半岛、砂拉越州、沙巴州）、缅甸、尼泊尔、巴基斯坦、泰国、越南、日本等多个国家。

由于受到当地不同的气候、环境条件以及地理条件的影响，不同地区的果子狸相貌略有不同，从而在世界范围内形成了多达 17 个亚种。

果子狸在我国分布十分广泛，最北可到北京和山西大同，是中国灵猫科动物分布最北的物种；向南可至广州、广西、云南、湖南等长江以南地区；就连西藏昌都、察隅、吉隆等高海拔地区也能寻觅到它们的踪影。

果子狸身体背部的毛色会因所在地区气候和季节的差异而有所不同，冬季或北方较冷地区生活的果子狸毛色浅淡多灰黄，部分地区的果子狸还会出现一些斑纹、毛色退化消失的情况；而夏季或南方较暖地区的果子狸则呈棕黄色且常有焦黑色调。科学家们还发现了全白（白化型）或全黑（黑化型）的果子狸。它们可真是妥妥的“野外变装高手”。

（孟　涛）

第三章　果子狸家族

一、果子狸的“兄弟”们

果子狸除了“花面狸”的别称外，其实还有很多其他的中文名。在我国，由于不同地方的人对果子狸的理解和认识不同，所以他们给果子狸起了不同的俗名，或者叫作方言名称，如云南的傣族将果子狸称为哼纳波，而傈僳族把它叫作巴邑；在四川和陕西，果子狸又被叫作树围子；其他地区还有如白额灵猫、白鼻猫、矛尾乌脚香、玉面狸等不同的叫法。

由于分布区域的不同，不同地区的果子狸或多或少会在一些形态上有不一致的地方，科学家们就把不同地区的果子狸划分为不同的亚种，这些亚种就像是果子狸的“兄弟”们。在这些“兄弟”中，我们将最先发现的、最为熟知的亚种命名为指名亚种，就好比是这个家族的长子，是出生最早的那个。我国果子狸的指名亚种是指分布在华南地区各省的果子狸，这些省份的果子狸在形态、生态及生理等特征上与人类最早命名的果子狸最为相似。

果子狸在全世界范围内有 17 个“兄弟”（亚种），那么在我国的果子狸到底有多少个“兄弟”呢？这个问题比较难，不同的科学家给出了不同的答案。有的科学家说我国只有 3 个亚种，即指名亚种、海南亚种和西南亚种；而有的科学家说我国有 5 个亚种，即指名亚种、藏南亚种、西南亚种、海南亚种和台湾亚种。不过，我国的科学家们大多数都认为在我国分布有 9 个果子狸的亚种。分别为指名亚种、台湾亚种、秦巴亚种、海南亚种、西南亚种、七箐亚种、印缅亚种、察隅亚种和藏南亚种。

不管是哪种说法，都证明了果子狸在我国分布十分广泛，我们也希望果子狸可以继续在我们国家快乐、安然地生活在大自然中。

我喜欢无忧无虑地在大自然中生活

知识小贴士

种与亚种

种（Species）

种，也叫物种，是生物分类的基本单位，是我们前面讲的生物分类等级中的最后一级，在“属”这一等级之下。一般来讲，它是指一类形态、遗传组成和生理等特性相似的生物群体，它通常有一定的自然分布区。区分种的另一个重要的特征就是生殖隔离，也就是说判断两个生物是否为同一个物种的标准就是看它们是否能够交配繁育，并且产生可生育的下一代。比如，我们日常生活中常见的骡子就是马与驴交配后产生的下一代，但是骡子并不能再生育下一代，所以尽管马与驴可以生下一只健康的骡子，但马与驴是不同的物种。

亚种（Subspecies）

科学家们在研究中发现，单纯用“种”的概念并不能很好地区分动物或植物的类群，比如家犬。我们都知道家犬的祖先是狼，但是家犬与狼的形态、分布特点完全不同，它们是不是可以称为不同的种呢？答案明显是否定的。于是，科学家们又提出了另外一个概念，叫作亚种。

一般认为亚种是一个种内的类群，不同的亚种一般在地理分布上有明显的界线。亚种最大的特征就是由于地理隔离，在形态、分布上以及某些生态特征上存在差别，但还没有形成生殖隔离，也就是说还可以交配繁育并生下可生育的下一代，这样的一些相似的类群就可以定义为亚种。

科学研究证明，家犬就是灰狼的一个亚种。

二、果子狸的家族——灵猫类的历史

正如前面我们介绍的，果子狸的家族很大，它在世界上有十几个“兄弟”，那么除了“兄弟”们之外，果子狸有没有亲戚呢？当然有，大自然这个大家庭非常和谐，它不会让任何一位“家人”孤独地生活，果子狸也不例外。

在自然界中，果子狸属于灵猫类动物。在动物分类学上，我们把这一类动物称之为灵猫科，这一分类等级是由一名叫作 Gray 的外国科学家在 1821 年的时候提出来的。“科”的英文名为“Family”，可理解为同一科的各个物种属于同一家族，既然叫作家族，就应当包括兄弟姐妹和亲戚们。

灵猫科包括许多种类，它们都有一些共同的特征：首先，灵猫科的动物的身体都是细长型的，四条腿相对较短，后足仅具 4 趾；其次，灵猫科动物都有一个极长的圆柱状的尾巴；第三，灵猫科的动物还有一个非常重要的共同特征，那就是无论雌性或是雄性，它们都在屁股的部位长有发达的腺囊，可以分泌灵猫香，它们常常将分泌的灵猫香擦抹在小树桩或石块上，作为自己领地的标志。

一般认为，灵猫科动物是现代食肉目中最原始的一个类群。它们起源于非洲，是由最原始的新肉食类麦芽西兽演化而来，目前发现的最早的灵猫化石始于第三纪始新世晚期和渐新世早期。可能由于大部分灵猫科动物在热带和亚热带森林边缘生活，它们的骨骼很少保存为化石。根据少数灵猫化石与现代生存的灵猫类比较，可以发现它们从第三纪以来发展进化不大，仍保持许多原始肉食类的古老形状。现代生活在地中海沿岸的獛很接近于所有灵猫类的原始类群，它是一种小型林栖动物，其四肢、头骨、牙齿都与最原始的类群近似。獛的身体具有斑点，腺囊仅为一个微凹的皮褶。

据分析，灵猫类从始新世晚期出现后，向着不同方向产生了适应辐射。大概分为三支：最大的一支是亚洲和非洲的各种灵猫和香狸；第二支是似猫非猫的马达加斯加隐灵猫，这是一支很接近原始猫类祖先的灵猫动物；第三支就是獴类。有科学家认为，灵猫都有一个比较一致的系统发育谱系，但包括了许多各不相同的进化线路，从而具有许多相异的分类等级。实际上，在包括绝大多数种类的第一个大分支中，其祖型和进化线路也仍然是多元的。具体表现为无腺囊而似猫的灵狸、地栖的灵猫类、树栖的长尾狸类，无论是个体发育还是系统发育中所表现的形态结构、生活方式，都是各不相同的。

由于自然界中的野生动物种类非常多，并且分布范围非常广泛，因此，尽管如今的科学研究手段已经非常先进，各种遗传学研究手段也越来越高级，但是科学家们依然面临一个非常难以解决的问题，那就是如何分辨谁和谁的亲缘关系更近一些，并且根据亲缘关系的远近将其归为一大类动物，也就是归成一个大家族。果子狸家族就面临这样的问题，它所属的灵猫类大家族因为有太多形态特征类似的家族成员，而灵猫科动物的化石资料又十分稀少且零碎，因此有关它们的起源、地理分布和家族发展历史（系统发育关系）等问题在学术界一直不能达成一致意见。如与灵猫类或者与果子狸长相很相近的一类动物——獴，它的分类地位问题就有很多争议。有的学者认为獴应该和灵猫类动物是一大类，它们都有苗条的身材、细长的尾巴、尖尖的吻和四个脚趾，因此可以把它们和果子狸都作为一大类，归为灵猫科动物。但是有的学者认为獴与果子狸相差甚远，它不像果子狸一样身体具有花纹，因此它不应该归到果子狸所属的灵猫类动物中，獴应该

我是獴，我很萌，但我也很懵，到底你们谁和我更亲近？

和灵猫科具有同样级别的待遇，叫作獴科。

所以，从这个角度来考虑，要想给果子狸找出准确的家族成员，确定它们亲缘关系上的远近，是一件非常难、需要很长时间研究的科学问题。但是无论如何，科学家们做过很多的研究，尽管可能有些灵猫类的动物会由于某些特征不同而被分散到鬣狗科和猫科中，但是灵猫科本身是一类比较古老而原始的类群，灵猫类动物应该具有比较一致的系统发育谱系，它们在头骨和牙齿上的进化特征也证明了彼此间的亲缘关系，它们应该是一个“大家族”。

三、我国的其他灵猫科动物

全球灵猫科动物共有 19 属 34 种。在我国分布的灵猫科动物种类和数量在不同时期、不同学者眼中有着不同的看法。总体上，科学家们认为我

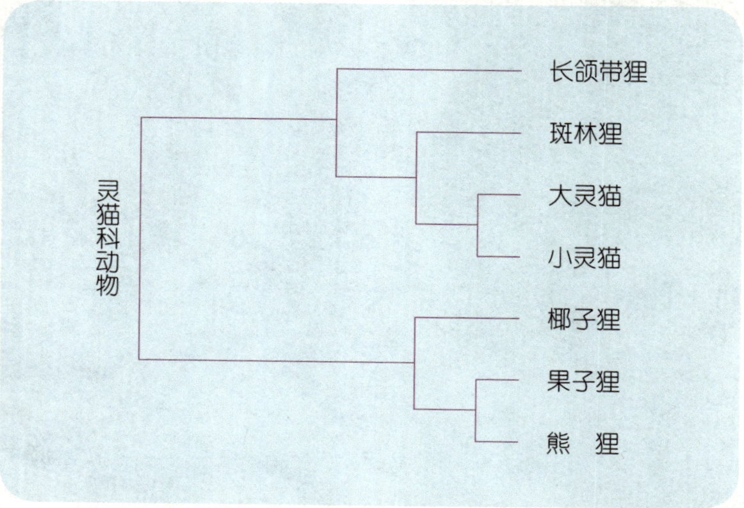

灵猫科动物系统发育图

国灵猫科动物有 6 ~ 11 种。根据亲缘关系的远近，科学家们将我国有分布的灵猫科大家族分成了三大类：斑灵狸、大灵猫、小灵猫同属灵猫亚科，椰子狸、果子狸、熊狸则同属长尾狸亚科，长颌带狸独立在缟狸亚科。我国也分布有几种与果子狸亲缘关系较近的动物，我国学者们根据它们系统发育的结果分析，对果子狸的这些亲戚们进行了逐个研究，发现与果子狸关系最近的亲戚是熊狸，其次是椰子狸。

● 熊狸

熊狸也叫熊灵猫、貉獾，是灵猫科中体形最大的种类之一。体长一般超过 70 厘米，体重 11 ~ 13 千克。熊狸也是灵猫科动物中比较特殊的一个，它的尾巴后半部是逐渐变细的，不像果子狸等其他灵猫类动物，尾巴是圆柱形的。熊狸的尾巴有一个特殊的功能，那就是尾端非常柔软且可缠绕，因此与身体几乎等长的尾巴能缠住树枝以支撑身体活动。熊狸的全身都是黑色的，没有其他灵猫类动物所具有的斑点或条纹。它全身的毛长而稀疏、粗糙而蓬松，看起来更有毛茸茸的效果。

熊狸是亚洲南部地区典型的热带、亚热带林栖食肉类动物，它主要栖居于浓密的热带雨林或季雨林中，喜欢在高大的树上活动。除了捕食小动物外，它特别喜欢吃多种榕树果，这一点倒是和果子狸很像，不愧是同属一科的亲戚。

熊狸在我国的分布范围十分小，仅分布于云南、广西等地区。目前在我国它的种群数量已经非常稀少，处于高度濒危状态，因此我国将它列为国家Ⅰ级重点保护物种，《中国物种红色名录》将熊狸列为极危物种。熊狸在国外也有一定的分布，尼泊尔、印度、不丹、缅甸、老挝、越南、柬埔寨、马来西亚、印度尼西亚、菲律宾等国都有它的身影。世界自然保护联盟（IUCN）的《红色物种名录》也将其列为易危物种。

● 斑林狸

斑林狸的别名有很多，有斑灵狸、点斑灵狸、虎猫狸、彪鼠、斑锯齿狸等多个名字。或许是因为它的长相实在是非常漂亮，是典型的动物界的

我们是熊狸，我们在晒太阳

“美人”，所以人们才给了它很多称呼。斑林狸是灵猫科动物中个头最小的，体长仅有 35 厘米左右，体重约 4 千克，仅有熊狸大小的一半。斑林狸身体大部分为黄褐色，有棕黑色的圆斑或卵圆斑从背部向体侧不规则地排列，圆斑和身体基色的鲜明对比让它看起来像是穿了一件“唐装”。斑林狸的面部无任何斑纹，不像果子狸是个大花脸。它的尾巴也十分威武，淡黄褐色的长尾上套着 9 ~ 11 个黑色的环纹。

斑林狸多生活在海拔 2000 米以下的阔叶林的林缘灌丛、亚热带稀树灌丛或高草丛附近。斑林狸也像果子狸一样是夜行性的动物，平时主要在地上生活，以鼠类、蛙类和昆虫等小型动物为食，有时也会爬上树捕食小鸟，有些胆子大的斑林狸会到村边寨旁偷盗农民伯伯养的家禽来打打牙祭。

斑林狸不像熊狸那样濒危，在国内还存有一定的数量，在广东、广西、

我是“美男子”大灵猫

贵州、湖南、江西、四川、西藏、云南等省份均有分布，我国将其列为国家Ⅱ级重点保护物种，《中国物种红色名录》将其列为易危物种。斑林狸在国外分布也很广泛，在尼泊尔、缅甸、泰国、老挝、越南、印度、不丹等国家都有它的身影。

● 大灵猫

大灵猫的别名就更多了，不同的地方根据它不同的特点给它取了不同的名字。有人根据它尾巴有多条环形纹而给它取名九节狸或九间狸，有人因为它具有香囊而称呼它为麝香狸。总之，我们称呼这些朋友们一般都是根据它们身上最明显的特点来给它们取个容易记住的名字。

大灵猫身体较大，体形与我们的家犬相似，体重 6 ~ 10 千克，体长有时长达 80 厘米，有长长的尾巴，尾巴的长度一般超过身体长的一半，从尾巴根部到尾巴末梢会有黑白相间的环形纹尾环，但尾环的数量并不固定，不同个体的尾环数量会有所不同。大灵猫同其他灵猫科动物一样，都是趾行性动物，所谓趾行性就是用脚趾走路，就像人类踮着脚尖走路一样。它的脚底长有厚厚的肉垫，这样走起路来不会有声音，十分有利于捕猎。大灵猫一般都长有高度发达的香囊，雄性香囊如梨形，雌性香囊多呈方形。

大灵猫身体毛色的基色主要为灰棕褐色，它的背部中央有一条纯黑色的粗硬鬣毛组成的脊鬣，在遇到敌人时它会拱起背部，竖起脊部中央的粗硬长毛，显得自己十分强大而威猛，以此来吓退敌人。

大灵猫是动物中十分有名的“美男子”，这可不是浪得虚名。大灵猫的身上斑纹十分丰富，除了前边提到的尾部黑白相间的环纹，在它的脖子侧部和喉部还有 3 条显著的波状黑色领纹，中间夹有白色宽纹。而且，在它的身体的侧面还有金钱状或波纹状的斑纹，不过这些体侧斑纹常因季节和地区不同而有个体变化，冬毛背侧斑纹会变得模糊甚至消失，夏毛背侧斑纹则较为明显。

大灵猫一般生活在热带或亚热带的林缘，主要栖息在热带雨林、亚热带常绿阔叶林的林缘灌丛、草丛中。它分布的高度很少超过 2100 米，多以灌丛、草丛、土穴、岩洞、树洞等作为隐蔽处和养育幼仔的窝穴。大灵猫一般独栖，夜行性，通常在黄昏时开始活动，午夜后活动次数略低，天明前又有一次活动高峰，是典型的晨昏性活动的动物。

大灵猫的食谱也很丰富，是一种以动物性食物为主的杂食性兽类。它的食物包括多种鼠类、蛙类、小鱼和昆虫等；有时也吃植物性食物，如茄科植物茎叶、多种无花果种子及酸浆果等；此外，竹叶、谷壳、树叶、青草等也是大灵猫的美食。大灵猫有在固定场所排泄的习性，在小坑或低洼处常形成很大的粪堆，所以云南南部的群众称它为“送屎狼”。

大灵猫在国内分布在安徽、福建、甘肃、广东、广西、贵州、海南、河南、湖北、湖南、江苏、江西、陕西、上海、四川、西藏、云南、浙江、重庆等地市。中国以外分布在印度、印度尼西亚、尼泊尔、马来半岛等地。

● 小灵猫

小灵猫的体形比大灵猫小，虽然名称中有一个“小”字，可它真的不是缩小版的大灵猫。尽管它们的长相与习性有很多相似的地方，但它与大灵猫却是完完全全不同的动物。

之所以将其称作“小灵猫”，是因为它与大灵猫比起来，体形实在是比较小。它的体形仅比家猫略大，体重 2 ~ 4 千克，体长也只有约 60 厘米。虽然小灵猫也有超过身体长度一半的长长的尾巴，而且尾巴上也有黑白相间的环纹，但通常只有 7 节环纹，所以一般称其为七节狸。

小灵猫的体色基调以灰棕色为主，除了尾巴上的环纹与大灵猫相似外，小灵猫脖子侧部和喉部多数也有波形领状纹，但宽度较窄且不太明显，不

我是小灵猫，我喜欢单独行动

像大灵猫的颈部纹那样显眼。小灵猫身体侧面多有纵向排列的暗色斑，从耳朵后部至肩部有 2 条黑褐色颈纹，从肩部至臀部通常还有 3 ～ 5 条暗色背纹，中间的 3 条背纹比较清晰，外侧 2 条背纹时断时续。小灵猫的体色和斑纹也因季节不同而异，冬季时斑纹较模糊，夏季时斑纹较清晰。

小灵猫在会阴部同样有囊状香腺，雄性的香腺比雌性的略大，开启时的形状像一个半切开的苹果。肛门两侧的臭腺较大灵猫发达，当受到刺激时，常有臭液泌出。小灵猫有擦香习性，每当活动时，无论香囊中有无香膏，都会举尾擦香。小灵猫的香膏，初为黄色，不久因氧化色泽变深。香膏气味稍具"糯米香"或"麝香"气息，刚取出来时，亦带有腥臊味，储藏日久，腥臊味逐渐变淡消失。

小灵猫广泛栖息在热带、亚热带和暖温带的山区、丘陵台地以及农耕地，它们比大灵猫更能适应较温热的气候条件。小灵猫主要栖息于稀树灌丛、浓密的草丛、墓穴、石洞、桥墩下、树洞中。它们也属夜行性的晨昏活动动物，喜欢黄昏后出来活动，但昼夜活动规律和活动范围易受季节、气候、食物等条件的影响。

小灵猫主要在地面活动，但也善于攀爬。它们能上树捕小鸟、松鼠，或觅食果实，能游泳，可以横渡溪沟和小河。它们一般喜欢独居和单独活动，是以动物性食物为主的杂食性动物，特别喜欢吃鼠类。小灵猫的食性和觅食范围会随季节变化而变化，在秋季各种野果成熟时，会爬树觅食果实；冬季则多到田边、林缘灌丛中捕食小动物。

小灵猫在国内分布于安徽、福建、广东、广西、贵州、海南、河南、湖北、湖南、江苏、江西、陕西、上海、四川、台湾、西藏、香港、云南、浙江、重庆等地，中国以外主要分布于斯里兰卡、印度半岛、也门、阿富汗、不丹、东南亚等地。

● 椰子狸

虽然椰子狸的名字中有“椰子”二字，但是它并不像果子狸爱吃果子那样爱吃椰子，实际上椰子狸并不吃椰子。之所以被套上了这样一个名号，或许只是因为它是典型的热带林栖动物吧，它还有一个别名，叫作棕榈猫。

我是有着长尾巴的椰子狸

椰子狸的体形与小灵猫相似，成年的椰子狸体长能达到约50厘米，体重可以达到2 ~ 3千克。椰子狸全身毛色以棕黄色为主，头部是黑色，而且前额及眼上后方均有明显的白斑，看起来比较酷。椰子狸同大灵猫和小灵猫一样，有着长长的尾巴，而且尾长的比例更大，等于甚至超过身体的长度。

多数椰子狸自颈部后背至尾巴基部具有 5 条暗黑色背纹，中央的 3 条较清晰，外侧 2 条时断时续，常成斑点状。身体侧面也有许多黑褐色斑点，肩部、颈部及臀部侧面和前后肢的斑点较小而密，而腹部侧面的斑点较大而稀且模糊。椰子狸也具有香囊，但并不发达。

椰子狸主要生活在热带雨林和季雨林中，在开阔的农耕地和稀树灌草从地带也有极少部分椰子狸存在。椰子狸的栖息场所多为石隙、树洞或高大茂密的树的树梢上，甚至会强占其他动物（如巨松鼠）的窝为巢。它们一般成对活动，活动和觅食大都在树上进行。它们极善攀爬，在树枝间弹跳自如，行疾如飞，但有时也在地面活动。大部分椰子狸是夜行性动物，极少部分也会在白天活动。

与大灵猫和小灵猫喜欢吃肉的食性不同，椰子狸更多是以素食为主。它们非常喜欢吃各类植物的果实，龙眼、野枇杷、对叶榕、海南蒲桃、山荔枝等都是椰子狸喜欢吃的食物。因为主要生活在热带雨林、季雨林及亚热带常绿阔叶林中，所以椰子狸有丰富的食物来源，几乎不用担心饿肚子。

椰子狸在国内主要分布在广东、广西、海南、四川及云南南部等地，中国以外主要分布于马来半岛、印度半岛、斯里兰卡、印度尼西亚、摩鹿加群岛、菲律宾、东帝汶、不丹、尼泊尔、新几内亚、新加坡等地。

● 长颌带狸

长颌带狸，这个听起来有点古怪的名字完全是由它的长相得出的。首先，它的面部狭长，嘴巴（吻部）向前突出，所以被称作“长颌”，又因为它的背部有 4 条横斑，像 4 条黑色“带”，于是这个十分形象的名字——“长颌带狸”就此诞生了。

长颌带狸比小灵猫略大，成年的长颌带狸体长在 50 厘米左右，尾长较长，能够达到身体长度的 60% ~ 70%。它的毛色以淡白色或淡黄色为主，面部中央有一条黑色条纹，两边各有一条白色条纹，两眼的上方长着十分明显的白色斑点，因此它和果子狸的长相差不多，就像长了一个大花脸，比较容易让人记住。长颌带狸除了背部有 4 条宽阔的黑色带纹外，身体侧面还有许多大小不等的点状斑点。尾巴的后三分之一部分为黑褐色，基部也有 2 个黑褐色带纹，带纹仅存在于尾巴背部和侧面，并不延至尾巴下部，因此并没有形成闭环，不像大灵猫和小灵猫的环形纹尾环。长颌带狸的身体毛发还有一个明显的特点，就是它的颈部的毛由后向前，在肩膀的侧面形成两个毛漩。长颌带狸的雌雄两性都长有香腺，但不像大灵猫或小灵猫的香腺那样发达。

长颌带狸是典型的热带物种，多栖息在热带雨林的林缘。主要在地面上生活，也常在树上活动。在国内主要分布在广西、云南，近年来仅在云南大围山保护区有发现记录，中国以外分布于老挝、越南等国。

四、“真假”果子狸

我们根据分类学或遗传学上的知识，将自然界中与果子狸亲缘关系较近的几种动物找了出来，将它们都归到了一个大类中，叫作灵猫科动物，这些动物可以称为果子狸的“亲戚们”。除此之外，在自然界中还有一些动物和果子狸也有很重要的关系，论亲缘关系，它们可能并非十分亲近，可是它们却有着较相似的长相，经常会让人产生混淆，就像“真假美猴王”一样，要分清它们还真要下一番功夫。下面我们就来认识一下它们吧！

● 浣熊

浣熊是食肉目、浣熊科、浣熊属的动物，它是我们在生活中最容易与果子狸混淆的动物，但实际上从长相上来看，这两个小精灵还是比较容易分辨的。浣熊区别于果子狸最明显的特征就是面部有黑色眼斑，形象滑稽，因此有“蒙面大盗”的绰号。这个特征与果子狸从鼻子延伸至额头的那一道显眼的白斑还是有很大区别的。另外，浣熊的尾巴也和果子狸的有很大的区别，浣熊的尾巴上有多条黑白相间的环纹，一般有 5 ～ 7 条，而果子狸的尾巴就没有这种可爱的环纹。

我是“蒙面大盗”——浣熊

浣熊的体形与果子狸差不多，是中等体形的食肉目动物。浣熊全身毛色为灰棕色混杂，有时也能见到白化品种。浣熊的爪子不能收缩，因此并不锋利，但它的前爪却有一个其他大部分同类动物都不具备的特殊本领，那就是灵活性极好，能抓住飞行的虫子。而且仔细观察动物园或纪录片中的浣熊，你可以发现，它通常是先用前爪捡起食物，然后再放进嘴里吃，就像我们人类用手拿东西吃一样，这都得益于它那极其灵活的前爪。

浣熊生活在北美，喜欢在潮湿的林地活动，有时也会跑到农田、郊区和城市地区，活动时间一般是在夜间。浣熊一般不会像果子狸一样冬眠，但在极冷、多雪的冬天，有时也会有一次长时间睡眠，这时浣熊体内的新陈代谢率和温度保持恒定，并且依靠脂肪储备为生，长睡的过程中它会损失多达 50% 的体重。浣熊不像果子狸一样有一个温暖团结的大家庭，它是一种喜欢独居的动物，只有雌性和幼熊才会组成群体。

浣熊同果子狸一样，也是杂食性动物。食物多来自地面或者临近

我是鼬獾，我也是“夜猫子”

水的地面。在北美当地，根据季节变化，浣熊会吃浆果、坚果、啄木鸟的卵、爬行动物的卵、昆虫、乌龟、青蛙及小型哺乳动物，还会吃鱼类和蛤蜊。

● 鼬獾

鼬獾，是鼬科、鼬獾属的动物，与果子狸并非近亲，但是从外形上看，鼬獾和果子狸有一些相似之处，也是很容易与果子狸混淆的一种动物。鼬獾体重 1 ~ 1.5 千克，体长 315 ~ 417 毫米，鼬獾在体形上比果子狸小一些。鼬獾的尾巴没有果子狸那般长，而且尾巴后半段较蓬松，不像果子狸的圆柱形尾巴。从面部长相来看，如果把鼬獾前额的白斑向前后分别延长，直达鼻端和头顶，那么鼬獾看起来就真的像果子狸的亲兄弟一样了。鼬獾的鼻吻部发达，耳朵短圆且直立，眼睛较小却非常有神，前后足都有 5 个脚趾，前爪较长，尤其前爪第二爪和第三爪更显长，比较适于挖掘，这些特点与果子狸较为相似。

鼬獾同果子狸相似，都会因生活环境的影响而表现出不一样的毛色。鼬獾的体背及四肢外侧一般呈淡灰褐或黄灰褐色、暗紫灰色到棕褐色，头部和颈部色调较体背深；头顶后至脊背有一条连续不断的白色或乳白色纵纹，这条纵纹是果子狸所没有的。

尽管鼬獾同果子狸不是近亲，但是由于它们的生活环境相似，也就演化出了相似的生活习性。鼬獾同果子狸一样，是夜行性动物，白天一般都躲在自己的洞中呼呼大睡，但有时候也会外出。它们通常在洞穴周围的草木丛中休息，入夜后则会成对出来活动，一直活跃到凌晨再回洞休息，因此鼬獾绝对是个“夜猫子”。

鼬獾一般喜欢在干涸的水沟或小溪边觅食，用脚爪和鼻吻扒挖食物，常留下半月形的翻掘泥土的痕迹。夜幕下的鼬獾在活动觅食时，其形象实在算不上好看，它几乎在用肚皮贴着地面向前行走，而且边走边以鼻子贴近地面的方式搜索前进，那形象简直就像一个活生生的“小偷”，而且还不是一个合格的“小偷”，因为它长长的小鼻子往往会在地上留下明显的痕迹。

在食性方面，鼬獾和果子狸颇有几分相似，它也是杂食性的。由于体形算不上高大，鼬獾没有能力捕食较大的动物，所以通常只能以蚯蚓、虾、蟹、昆虫、泥鳅、小鱼、蛙和鼠类等小动物为食，在果实丰收的秋季，它也会采集山楂、山芋和其他果实，或者吃些植物根茎。

（邓章文）

第四章 果子狸与病毒

一、野生动物与病毒

我们的地球是一个由千千万万种生物组成的和谐大家庭，这个家庭中既有我们肉眼可见的高等动物和植物，也有一些我们看不见的微生物。这些生物各有各的分工，各有各的作用，植物负责通过光合作用制造地球运转所需要的有机物，各种动物和微生物负责利用和分解有机物从而实现物质的循环，各种生物分工协作、和谐共存，共同营造了一个多姿多彩、富有生机的地球。

野生动物也是这个地球上十分重要的组成部分，是地球这个大家庭中的重要成员。据统计，地球上共有各类动物150多万种，我们人类也是这其中的一员。

在地球的微生物中，有一大类与我们人类的关系非常密切，它们可以引起我们人类的很多疾病，是人类生病的原因，我们称之为病原微生物，我们常常说的病毒和细菌就是非常重要的病原微生物。

病毒是一类没有细胞结构的微生物，也就是说它的身体并不像其他高等生物一样，有众多完整的细胞组成。病毒只是由核酸和蛋白质等少数几种成分组成，它们并没有形成完整的细胞结构，但是病毒的生存必须依赖于活细胞。一些引起人类疾病的病原微生物侵入人体后，就依靠人体内的细胞生存，人体就成了它们生存的场所，在医学上称之为宿主。病毒或细菌在宿主中进行生长繁殖、释放毒性物质等引起机体不同程度的病理变化，就会表现出各种疾病的症状，这一过程称为感染，也就是我们所说的生病。

知识小贴士

微生物与病原微生物

微生物

微生物是自然界中个体难以用肉眼观察的一切微小生物的统称。微生物一般包括细菌、病毒、真菌以及一些小型的原生生物、显微藻类等一大类生物群体，它们大多数个体微小，需要借助光学或电子显微镜放大数百倍、数千倍甚至万倍才能观察到，但有些也是肉眼可以看见的，如属于真菌的蘑菇、灵芝等。在我国的分类系统中，微生物一般划分为细菌、病毒、真菌、放线菌、立克次氏体、支原体、衣原体、螺旋体等八大类。微生物与人类关系密切，在自然界中也发挥着重要的作用。

病原微生物

微生物在自然界中广泛存在，种类达到上万种，大多数微生物对人类有益或者能与人类和平共处，但其中有部分微生物可以侵犯我们人类而引起人类的疾病，这些微生物被我们称为病原微生物或者病原体。病原微生物指朊毒体、寄生虫（原虫、蠕虫、医学昆虫）、真菌、细菌、螺旋体、支原体、立克次体、衣原体、病毒。

被关在笼子里，我一脸无奈

尽管一部分病毒和细菌可以使人类或其他动物致病甚至死亡，但是它们也是这个多彩世界中的一员，而且它们中的大部分还是对人类有益或能够与人类共存的。而那些能够引起人类疾病的病毒和细菌，有时却可以与某些野生动物和平共处，因此在侵入到人体之前，很多病原微生物是寄生在野生动物体内的。一般情况下，只要我们人类和野生动物保持一定的距离，不主动接触它们，这些病原微生物就不会对我们人类的健康和安全造成威胁。但是很不幸，我们人类的一些不文明的行为却打破了这种“和平”，人类打开了这个保存有致病病毒的“潘多拉”魔盒。因为猎奇、虚荣心而捕捉果子狸、蝙蝠，因为想要象牙和犀牛角等做装饰品而猎杀大象和犀牛等等，这些行为在部分人类看来极其平常或者理所当然，但是却成了病原微生物感染人类而使人类致病的重要途径。因此，大多数情况下并不是病毒主动袭击了人类，而是人类去接触了病毒并给了它感染我们的条件，从而造成了众多传染性疾病的暴发和流行。

二、携带病原微生物的野生动物知多少

自然界中有很多动物会携带致病病毒或细菌，有些动物因为特有的防

护机制，自身并不会像人类一样发生疾病。科学家们已经发现了很多种这样的动物，果子狸就是其中一种，除此之外，还有蝙蝠、穿山甲等多种动物。

● 果子狸

果子狸身体里可以携带狂犬病病毒等多种致病病毒，这也让它成为多种病毒传播的中间宿主。另外，果子狸还携带多种体内寄生虫，包括旋毛虫、斯氏狸殖吸虫等，这些寄生虫可损伤人类肺部及中枢神经。

2011 年，四川省一名农民被果子狸咬伤后患狂犬病而死，这一病例证实了果子狸携带狂犬病病毒。

● 蝙蝠

蝙蝠就像一个飞行的“病毒库”。目前，人类已经在蝙蝠身上分离出至少 56 种病毒。此外，蝙蝠作为唯一会飞行的哺乳动物，其飞行的本领也加强了它传播病毒的能力，它让很多动物成了病毒的中间宿主。

现代医学已经证明，蝙蝠是埃博拉病毒与狂犬病病毒的源头。蝙蝠是起源于 500 万年前的古老动物，属于翼手目，蝙蝠在全世界广泛分布，已知物种约 1240 种，约占所有哺乳动物物种的 25%，是哺乳动物第二大目，仅次于啮齿目。大多数蝙蝠以昆虫为食，有些以鸟类、蜥蜴、青蛙或动物血液为食，还有的以花蜜为食。蝙蝠物种的多样性为病原提供了巨大的繁殖地。此外，蝙蝠本身具备的一些生理特性使得蝙蝠成为众多病原体极佳的天然宿主。蝙蝠可携带多种病原，如

我是会“倒立”的蝙蝠

SARS病毒、马尔堡病毒、埃博拉病毒、汉坦病毒等，蝙蝠已被确认是人畜共患病毒的主要自然宿主。

埃博拉疫情、中东呼吸综合征疫情背后都有蝙蝠的身影。在非洲一些农村地区，蝙蝠是一种常见的食物，它们经常被熏烤或被做成汤吃掉，人们在捕捉和处理蝙蝠的过程中感染上了埃博拉病毒。

2012年沙特阿拉伯出现中东呼吸综合征病例，疫情很快扩散开来，中东地区成了主要扩散区域。世界卫生组织称，蝙蝠可能是这种病毒的最初宿主，而骆驼只是把病毒传给人类的直接媒介。沙特阿拉伯的研究人员也在美国《新型传染病》杂志上发表研究结果，他们在埃及墓蝠体内发现了中东呼吸综合征病毒。

除了会携带这三种病毒外，蝙蝠还是尼帕病毒和亨德拉病毒等病毒的天然宿主，可能它们身上还有很多我们目前还不知道的病毒，从这方面来看，蝙蝠可谓名副其实的飞行的“病毒库”。

● 穿山甲

我是身披“铠甲”的穿山甲

穿山甲一直是一个有争议且知名度颇高的物种，尤其是近年来，穿山甲更加成了野生动物界的“明星”。科学研究证明，穿山甲的药用作用完全可以通过其他替代品实现。而且更重要的是，穿山甲体内携带的病原体较多，直接接触会有较大的感染风险。

穿山甲携带有多种寄生虫，包括弓形虫、肺吸虫、绦虫、旋毛虫等，可损伤脾脏，并且引发肺炎、肝炎、心肌炎等并发症。穿山甲身上还携带有多种蜱虫，野生的穿山甲身上携带的大量蜱虫是穿山甲救护过程中必须及时处理的安全隐患之一，蜱虫叮咬可传播回归热和出血热等多种疾病。

● 土拨鼠

虽然野生土拨鼠的外表看起来很呆萌，但是实际上其呆萌的外表下隐藏着很可怕的一面。野生土拨鼠是鼠疫杆菌体的自然宿主，其体内携带的鼠疫杆菌是鼠疫暴发的罪魁祸首，鼠疫是危险等级最高的传染病之一，鼠疫大多是通过土拨鼠身上的跳蚤进行虫媒传播的。另外，野生土拨鼠还携带多种体内寄生虫，包括蠕虫、微丝蚴、弓形虫、棘球蚴等，可损伤肠道、肝脏、大脑等多个器官。

我是呆萌的土拨鼠

● 蛇

由于蛇与人类的亲缘关系较远，蛇类携带的危害人类的病原体主要是寄生虫。无论是野生的蛇，还是人工养殖的蛇，寄生虫的危害都不容小觑。野生蛇携带有多种体内寄生虫，且多是人畜共患型寄生虫，包括舌形虫、隐孢子虫、广州管圆线虫、线中殖孔绦虫等，感染这些寄生虫可引起腹膜炎、

我是令人闻风丧胆的蛇

败血症、心包炎等疫病，可以导致多个内脏器官的损伤，严重可危及生命。野生蛇类体表也常有多种蜱螨等寄生虫，会引起多种疾病的传播。

● 野兔

相比其他野生动物，野兔在我国分布较广，数量较多，比较常见。正是因为是常见种，而且保护等级也不高，野兔就成了人们餐桌上的“常客”，人们在食用的过程中就增加了传播疾病的风险。野兔体内携带许多种寄生虫，包括弓形虫、脑炎原虫、肝毛细线虫、肝片吸虫、日本血吸虫、囊尾蚴等，加工或食用的过程中感染风险较大，一旦感染可直接损伤人类的多种身体器官。除此之外，野兔身上的蜱虫是传播回归热、Q 热和出血热的重要媒介。

● 野猪

野猪是分布最广的野生动物之一，它的适应能力极强，能栖息于多种环境中，从温带到热带，从半干旱气候到热带雨林，

我是行动灵活的野兔

我是凶悍的野猪

甚至半沙漠和草原均有野猪的分布。生活在野外环境中的野猪，也会携带很多种病毒，比如目前全球流行的非洲猪瘟，尽管不会感染人类，但也与人类密切相关。野猪体外还会携带多种蜱虫，可传播回归热、Q 热和出血热等疾病。另外，野猪体内也携带多种寄生虫，包括蛔虫、线虫、人体旋毛虫等，接触或食用都有被感染的风险。

三、病毒如何在动物之间传播

病毒等病原微生物（或称为病原体）很少只生存在一种动物或者一种宿主上，往往病原体在一个宿主上生存、繁衍到一定程度后就会转移到另一个宿主体内，然后是再下一个宿主。如此持续不断地传播下去，就形成了某种疾病的大流行。如何预防或者阻止这种疾病的大流行呢？最主要的办法就是切断病毒在不同宿主之间的传播途径。

传播途径是指病原体从传染源排出之后，侵入一个宿主体内之前的过程，是病原体更换宿主时在外界环境中所经历的全部过程。由于病毒没有完整的细胞结构的保护，所以当暴露在自然条件下时，病毒是很难长时间存活的，因此，它们要想存活下去，只有快速地从一个宿主传染向下一个宿主。传播的过程越复杂、越漫长，病毒面临的风险就越大，因此，病毒所选择的传播途径不同，它的传染能力就不同。

那么病毒或细菌等病原体的传播途径主要有哪些呢？科学研究发现，一般的病原体，其主要的传播途径有空气传播、水源传播、食物传播、接触传播、虫媒传播等几种方式。

● 空气传播

空气传播是易引起呼吸系统疾病的病原体的主要传播方式，这种传播方式一般是病人在呼气、打喷嚏、咳嗽时排出含有大量病原体的飞沫，使得病原体附着在空气中或地面上的尘埃中，这些小的飞沫或者尘埃再被其他人吸入体内而完成病原体的传播。这种传播方式的传播速度快、发病率高，在人口密集的地方传播尤其广泛。

● 水源传播

水源传播是一般肠道传染病的主要传播方式，饮用被病原体污染过的水，或者接触被污染过的水都有可能传播疾病。历史上有一个非常经典的经水源传播疾病的故事，1854 年英国发生霍乱大流行，约翰 · 斯诺博士利用统计学和点地图的方法调查霍乱疫情，最终发现位于伦敦的宽街的一口公用水井是疫情传播的源头，人们因为饮用了水井内受污染的水而引起霍乱的大流行。斯诺博士因此也被认为是现代公共卫生学的始祖。

● 食物传播

当我们食用的食物含有病原体或者被病原体污染时也可引起疾病的传播，病原体的这种传播途径是经食物传播。经食物传播的疾病多是肠道传染病或者寄生虫病，少数呼吸性疾病也可由食物传播。食物在生产、加工、运输、贮存与销售的各个环节均有可能被污染，从而引起疾病的传播。

● 接触传播

病原体通过接触传播的方式分为两种，一种是直接接触，一种是间接接触。直接接触如被患有狂犬病的狗咬伤，狂犬病病毒就通过伤口直接传播到了人身上，从而导致人也得了狂犬病。间接接触一般是指接触到了被病毒或细菌污染的物体而间接地传播了病毒或细菌，如新型冠状病毒感染的患者在生活中接触的毛巾、餐具、门把手等物体都可能会携带有尚存活的病毒，一个健康的人接触了这些物体后，病毒就可能附着在人的手或者衣物上，然后通过口腔食入或者空气吸入而感染病毒，从而造成疾病的传播，这种方式就是间接接触传播病毒的典型过程。另外，多种肠道传染病、皮肤传染病等疾病均可通过接触而传播。

● 虫媒传播

虫媒传播是指以各种虫作为传播媒介而造成病原体的传播，从而造成疾病的传播。可以传播病原体的虫一般以节肢动物为主，如昆虫纲的蚊、蝇、蚤等以及蜘蛛纲的蜱虫和螨虫等。这些虫多是吸血动物，患病的人被吸血的虫叮咬后，含有病毒的血液就进入了虫子的体内，这些携带有病毒的虫子通过再次叮咬其他人而传播了病毒，或者通过它的分泌物或排泄物而污染食物等其他物体，其他人食用或接触到这些被污染的食物或物种而感染病毒，从而造成疾病流行。

通过吸血的节肢动物传播的疾病有很多，例如鼠疫、斑疹伤寒、疟疾、丝虫病等疾病都是通过虫媒传播。

尽管我们列出了病毒传播的几种主要途径，但是病毒往往不会仅有一种传播途径，病毒传播或疾病的传染是一件很复杂的事情，一种疾病从它的源头到人类间的流行，往往都会经历漫长的历程或者复杂的传播过程。

四、携带病毒的野生动物为何自身不生病

大自然中确实有很多的野生动物都会携带大量的病毒，这些病毒一旦感染人类，就会引起严重的疾病，甚至引发大规模的疫情。那么这里就会有几个疑问：为什么野生动物携带的病毒会引起人类生病，而它们自身却安全健康呢？为什么携带病毒的野生动物不会像人类一样生病甚至死亡呢？

实际上，这个问题也是科学家们一直研究想要寻找答案的问题，目前有的动物已被研究清楚，而有的还一直是个谜。总体来说，野生动物与病毒的共存经历了很长时间的演化才到了目前的状态。或许在很久以前，某种野生动物初次感染病毒时也会生病，甚至死亡，但是在漫长的演化历史中，这些野生动物演化出了特殊的身体构造或者获得了独特的免疫系统，它们身体的免疫功能使得它们能够与病毒共存，能够阻止病毒在体内的感

看我的脸，像不像戴着一个酷酷的“面具”

染与繁殖，也不会让病毒导致其死亡，演化出这样功能的动物就携带着病毒存活了下来。但是，这些动物身上的病毒一旦通过某种途径传染给其他动物或者人类，抑制病毒的机制不存在了，病毒就会大量繁殖，从而引起其他动物或者人类生病，引发疫情。

知识小贴士

自然宿主与中间宿主

病毒、细菌等病原微生物并不能主动在自然界中获取食物而独立生存，它们往往需要寄生在别的生物体内吃“霸王餐”，由其他生物为其提供自身生存所需的“食物和物资”，这些生物就叫作病毒的宿主。病毒常常会损害宿主机体，引起宿主生病甚至死亡。然而，在自然界中有一类宿主，它可以长期与病毒共存、和平共处，它携带病毒而本身却不发病，这一类宿主叫作自然宿主。自然宿主就像是自然界中的一个大毒库，病毒可以在自然宿主体内长期生存和演化。

另外有一类宿主，是处于病毒传播的中间阶段的宿主，这些宿主也能为病毒提供食物，供其生存和繁衍，但是病毒在其体内的寄生却是暂时性的，一旦遇到更好的生物，病毒就会转移，这一类宿主叫作中间宿主。由此可见，中间宿主只是病毒传播的一个中间媒介。

不同的动物会有不同的抑制其所携带的病毒的机制。就拿蝙蝠来说，蝙蝠身上携带的病毒之多足以让人瞠目，但是蝙蝠却有办法让病毒对它无可奈何。首先，蝙蝠的心跳特别快，心跳速率可以达到每分钟1000下左右，如此强大的心脏可以源源不断地为蝙蝠提供身体所需的能量和热量，使得蝙蝠具有非常高效率的新陈代谢，从而使体温升高，蝙蝠的正常体温可以达到 40℃，如此高的体温不但可以间接加强它对病毒的抵抗能力，而且在此高体温下，大多数病毒是无法正常繁殖的，蝙蝠靠着较高的体温保护自身不会生病。另外，蝙蝠的免疫系统与人类的不同，人类的免疫系统只会在病毒开始攻击身体后才会启动，而蝙蝠的免疫系统可以在病毒发作前就启动，并且它的免疫系统可以超负荷运转，从而更好地保护自身不受病毒侵害。而这一点人类是无法做到的，人类的免疫系统一旦高度运转就会出现高烧、体内出血等过度反应的后果，这些反应都会使人体受到更大的伤害。

由此可见大自然是公平的，它在关掉你一扇门的同时会为你打开一扇窗。蝙蝠被大自然选择携带了如此之多的病毒，却给了它独特的身体机制来保护自身不受病毒的侵害。

五、源自动物的人类重大传染病

自然界中有太多的动物会携带病毒，而在悠悠的历史长河中，又总会有些机缘巧合让人与野生动物来一个亲密接触，更何况我们人类还有那么多的理由去主动接触野生动物。由此，在人类历史上就多次发生了由动物传播给人类的重大疾病，并引发了重大的传染病疫情。在这些重大的疫情发生过程中，大多数都是野生动物发挥着重要的作用。蝙蝠、老鼠、大猩猩等动物携带的病毒在历史上都曾给人类社会制造过大灾难，有的还曾引发过多次足以改变人类历史进程的瘟疫。

源自动物的人类重大传染病一览表

名称	时间（年）	暴发地	病毒宿主	死亡人数	备注
雅典鼠疫	前430－前427	雅典	老鼠→人	雅典近二分之一人口死亡	
查士丁尼瘟疫	541-542	西奈半岛	老鼠→人	东罗马帝国三分之一人口死亡	第一次鼠疫大流行，埃及
黑死病	1347-1351	欧洲	老鼠→人	7500万	第二次鼠疫大流行
米兰大瘟疫	1629-1631	意大利	老鼠→人	28万人	
伦敦大瘟疫	1665-1666	英格兰	老鼠→人	近10万人	当时伦敦人口的五分之一
马赛大瘟疫	1720-1722	马赛	老鼠→蚤→人	10万人	法国，腺鼠疫
第三次鼠疫大流行	1885-1959	云南省	老鼠→人	1200万人	
甲型H1N1流感	2009	墨西哥	禽→猪→人	1.8万人死亡	人类猪型流感病毒
中东呼吸综合征	2012	中东	蝙蝠→骆驼→人	近400人死亡	MERS
埃博拉出血热	1976	埃博拉	蝙蝠（粪便）→水果→人	西非多国总共11325人（2014）	已爆发28次，死亡率90%

人类历史上与野生动物有关的疫情或疾病可以说数不胜数，而单说其中几种较为严重的疾病就已经足以让人无法忘却，这更应该引起我们对大

自然的敬畏。在科技如此发达的现代都能暴发使人类闻之色变、胆战心惊的疫情，更何况在更久远的以前，在我们的科技和医疗水平都不十分发达的年代，一旦发生疫情或者重大传染病，我们人类只有任疾病宰割。

（1）艾滋病——猎杀大猩猩给人类带来的灾难

艾滋病，全称为获得性免疫缺陷综合征（Acquired immunodeficiency syndrome，AIDS），是人类感染人免疫缺陷病毒（Human immunodeficiency virus，HIV）而引发的疾病，1981年在美国首次发现和确认。在艾滋病发现至今的近40年中，全世界的科学家都在研究这种恐怖疾病的起源和治疗方法。然而遗憾的是，时至今日，人类还未能完全了解艾滋病毒，也未能找到完全治愈艾滋病的方法。

但是，经过几十年的研究，人们发现艾滋病是一种动物源性的病毒性疾病，起源于非洲中部的野生灵长类动物，这一点全球的科学家们已基本达成共识。关于这种病毒如何从非洲的猩猩身上传染给人类，研究者们广泛接受的理念是“猎人”理论。研究人员发现，长期以来，猴免疫缺陷病毒广泛存在于许多种类的黑猩猩中，而非洲的部落大量狩猎野生黑猩猩，因为猩猩肉在一些地方尤其珍贵，不仅可以食用，有的部落还将它们用于宗教活动。于是，猩猩在被广泛猎杀的过程中，其血液中的病毒可能通过猎人破损的伤口等以体液接触的方式进入人体内，在病毒与人体内的免疫系统对抗的过程中促使猴免疫缺陷病毒发生了变异，从而逐渐适应了新的宿主而变成了如今的人免疫缺陷病毒，进而引发了令人闻之色变的艾滋病。

由此可见，可怕的艾滋病源于野生动物，源于人类对野生动物的猎杀与接触。

（2）鼠疫——不仅仅是老鼠惹的祸

鼠疫是由鼠疫耶尔森菌感染引起的烈性传染病，是一种自然疫源性传

我是善于挖掘的旱獭

我是繁殖能力超强的老鼠

染病，鼠类、旱獭等动物是鼠疫耶尔森菌的自然宿主。鼠疫是人类历史上的噩梦，数千年来，人类历史上曾记录过多次鼠疫的大流行。不仅仅是有历史记录的大流行，考古研究人员在距今 2800 ~ 5000 年的亚洲和欧洲的人类牙齿中也检测到了鼠疫耶尔森菌的遗传物质，说明了鼠疫发生时间之早。

鼠疫的传播能力非常恐怖，尽管蚤虫叮咬是其主要的传播途径，但是人与人的皮肤接触，甚至呼吸道的飞沫也可导致鼠疫的传播。老鼠被认为是鼠疫主要的传染源，但是，也并非全是老鼠惹的祸。2019 年 4 月，蒙古国有一名俄罗斯游客因吃旱獭而感染鼠疫，不治而亡，三天后他的妻子同样因感染鼠疫而死亡。这种因捕食旱獭导致的鼠疫疫情实在应该让人类警醒。疫情是人类共同的敌人，希望前人的惨痛代价不会白白付出，所有人都能够远离野生动物，给它们一片自由空间的同时，也使自己得到了保护。

（3）埃博拉出血热——一条河的“黑色诅咒”

埃博拉，原本是位于非洲中部的一条河流，因在该地区发现了一种十分罕见的烈性传染病病毒而闻名于世界，据此而命名的埃博拉病毒更是排名世界第一的恐怖病毒，埃博拉河在当地人们眼中也成了“黑色诅咒”。1976 年，埃博拉河附近的五十多个村子被一种不知名的病毒疯狂虐杀，数百人死亡，众多家庭一夜消失，这是世界上首次暴发埃博拉出血热疫情。后经科学家研究，一种新型的丝状病毒走近人类视野，被命名为埃博拉病毒。

埃博拉病毒致死率高，传染性极强，生物学家把它列为最高危险级别的病毒。更为诡异的是，这种来自丛林的病毒的暴发毫无规律，每次大暴发后很快就销声匿迹，没有人知道它潜伏在何处，也没有人知道它下一次会在何处又突然暴发。更为可怕的是，这种病毒已经有了几种变异，已确定的埃博拉病毒分为 5 个亚型，其中的 4 个亚型都对人类有剧毒，能在人与人之间传播。

尽管我们对埃博拉病毒不甚了解，还有很多研究需要深入进行。但是可以确定的是，埃博拉病毒来自丛林，人类猎捕动物并且食用野生动物的行为是病毒最可能的来源，特别是捕食灵长类动物。有研究证明，果蝠是埃博拉病毒的宿主之一，但不是唯一的宿主，病毒的自然宿主究竟是果蝠还是灵长类或者是其他丛林动物，还有待于更进一步的研究。无论如何，都是由于人类因种种方式接触了病毒的感染对象和宿主而导致了病毒的传播和流行。因此，人类和丛林保持一定的距离才是正确的生存方式。

（贝永建）

第五章　保护果子狸的意义

一、果子狸对大自然的贡献

果子狸是我们所处的地球这个大家庭中的一员，是生态系统中十分重要的一分子。正如前文所说，自然界中的每一个生物都有它存在的价值和理由，果子狸也是一样的。果子狸的家园是大森林，它的一生都是在森林中度过的，因此，它在森林生态系统中占据了十分重要而独特的位置。下面我们就一起来看一看果子狸在大自然中所处的地位吧！

● 十分重要的“种子传播者”

同大自然中其他取食植物果实的动物一样，果子狸也因为取食果实而成了“种子传播大军”中的一员，而且因为它是取食果实的动物中少有的食肉类动物，因此它又具有与其他“种子传播者”不一样的独特地位。

大家都知道，植物的种族延续主要靠传播种子，不同的植物传播种子的方式不同，有的靠风的力量，比如蒲公英，风把它的种子带向远方；有的靠水流的力量，比如椰子，成熟的椰子掉入海中，靠着海水漂到其他海岸；有的靠自身的力量，比如豌豆，豆荚成熟后一旦被阳光照射，豆荚就会裂开，将种子弹射出去。除此之外，很多植物选择了和动物们友好配合，靠动物的运动能力把自己的后代送往世界各地。自然界中最经典的配合就是种子

我是“种子传播者”

上长有倒钩的苍耳，这一例子大家已经耳熟能详了。

果子狸虽然属于食肉目动物家族中的一员，可是它却偏偏有着与众不同的口味，喜欢吃素。果子狸取食了植物的果实后，在森林中自由散步的同时就将植物的种子带到了去不了的地方生根发芽。而且，相较于森林中的其他“种子传播者”，果子狸体形更大，因此它可以吃掉很多其他动物吃不下的果实，对于这些植物的种子传播起到了关键的作用。

大自然中除了果子狸这位比较专业的“种子传播者”以外，还有很多动物或多或少地参与了植物种子的传播，比如鸟类，它们也是森林中十分重要的“种子传播者”，而且不同种类的鸟类所传播的植物种子也非常多样。因此一片森林中“种子传播者”的种类和数量，甚至能够决定这片森林中植物的增长速度，也能够维持森林中生物的多样性。可能对果子狸而言，仅仅是吃了几个果子而已，但其实它的这一行为对于森林的贡献非常巨大！

说到果子狸取食果实，那就不得不提果子狸的另一位“近亲”——印尼椰子猫，它可是比果子狸还出名的一位“种子传播者”，因为它在传播植物种子的同时，还做了一件更加出名的事情：它的粪便是一种稀缺饮品的原材料，这种饮品就是“猫屎咖啡”。这不仅仅是一种饮品的名称，而且这种咖啡真的是用“猫”的粪便加工成的咖啡，这种“猫”就是印尼椰子猫，它的粪便也被誉为世界上最昂贵的粪便！“猫屎咖啡”的形成，得益于印尼椰子猫取食了成熟的咖啡果实后，其消化系统只能消化咖啡的果肉，却难以消化其中的种子。于是咖啡豆经过印尼椰子猫胃的发酵后，人们把这些粪便中的咖啡豆分离加工就成了国际市场上抢手的“猫屎咖啡”。“猫屎咖啡”是大自然给予人类的珍贵馈赠，它的产量与印尼椰子猫的数量呈正相关，印尼椰子猫的数量决定了“猫屎咖啡”的产量。

知识小贴士

生态位

关于生态位，学术上的定义是这样描述的：是指一个种群在生态系统中，在时间空间上所占据的位置及其与相关种群之间的功能关系与作用，它表示生态系统中每种生物生存所必需的生境最小阈值。实际上生态位的概念包括了位置与功能两个方面的内容，位置可以理解为一个物种在自然界中生存所需要的各种条件的集合，而功能可以理解为这一物种在自然界平衡中所发挥的作用。

比较形象的生态位概念模型是森林中的鸟，鸟类在森林中要生存下来需要占据一定的位置，它需要有一定的栖息面积、需要有水喝、有食物吃等等，它所需要的一切条件的总和，这就是鸟类在一片森林中的位置；而除此之外，一只鸟在森林中生存还需要做出相应的贡献，比如鸟需要去捉虫子，以免森林中虫子太多而把树木破坏，这就是鸟类在一片森林中的作用。

在大自然中每一个物种都有它的位置，它需要从大自然中汲取生存所需的物质，同时，它还需要发挥它的功能，对大自然做出贡献。

● 自然平衡的贡献者

印尼椰子猫与咖啡豆的关系，以及果子狸与其他植物种子传播的关系，决定了它们在自然界中的地位，这种地位被称为“生态位”。在自然环境里，每一个特定位置都会存在不同种类的生物，同样的，每一个不同种类的生物在自然界中都会有自己特定的位置和作用，它们这种位置是由它们特殊的生活习性、身体结构、生理特性和行为特点等因素以及它们与其他生物之间的关系决定的，这种位置就像是一个人在社会中的分工一样，不同的人在社会中有不同的分工，所有人都做贡献才能创造有序而稳定的社会。同样，不同的生物在自然界中发挥着不同的作用，像果子狸可以帮助植物传播种子一样，所有生物的共同作用才能造就平衡、稳定的大自然，因此，这种位置被称为不同生物独特的“生态位”。

生态位是生态学中一个十分重要的概念，主要指在自然生态系统中，一个种群在时间、空间上的位置及其与相关种群之间的功能关系。“生态位”通常是按食物和生态环境来确定的。一般来说，当主要食物缺乏时，动物会扩大取食种类，食性趋向泛化，生态位加宽；当食物丰富时，动物的取食种类又可能缩小，食性趋向特化，生态位变窄。

全家出动去觅食

以果子狸为代表的“种子传播者”，大部分时间都生活在它们既定的“生态位”之中，极少与我们人类有过多的交集。很多年以来，它们都和我们人类和平共处，相安无事。是人类对野生动物的无序、过度的利用，导致了原本仅仅存活在野生动物体内的病毒，通过某个特定的机会，入侵了我们的身体，危害到了人类的生命安全。

野生动物并不会主动地感染我们人类，是人类在向大自然索取的时候，破坏了病毒与宿主之间的自然平衡关系，放任了病毒感染事件的发生。自然平衡指的是生态系统中生物与环境之间，生物和生物之间相互作用而建立起来的动态平衡联系。以果子狸为例，果子狸喜欢吃果实，它在大自然中取食各种植物的果实，富含营养的果肉为果子狸提供了生存的能量，而难以消化的植物种子随着粪便排出体外，果子狸就成了植物种子的传播者，促进了植物群落的繁荣。植物群落的繁荣，反过来为果子狸提供了稳定的食物来源，养活了果子狸家族。果子狸与植物之间这个互惠互利的关系，就是最直观的自然平衡的关系。

● 生物链中的重要一环

正如上面所讲的，果子狸与植物间有着密不可分的互惠互利的自然平衡关系。这种看似绕口令一样的关系，其实隐藏着一个生态学中非常重要的概念——生物链。生物链是各种生物之间形成的物质变换和能量转化的链条关系。生物链也可以理解为自然界中的“食物链”，它形成了大自然中“一物降一物”的现象，“大鱼吃小鱼，小鱼吃虾米”的谚语就是生物链最形象的表述。

人类在长期利用自然的过程中，也利用过生物链的关系，为人类创造更美好的生活。在我国的南方，有着“桑基鱼塘”的人工养殖模式，它的基本流程：通过人工挖掘或利用天然的水塘，在池塘里养殖鱼类，在池埂上或池塘附近种植桑树，以桑叶养蚕，以蚕沙（蚕的粪便）、蚕蛹等作为鱼饵料，以塘泥作为桑树肥料，形成池埂种桑，桑叶养蚕，蚕沙、蚕蛹喂鱼，塘泥肥桑的生产链条，生物之间互相利用，互相促进，达到鱼蚕兼取的效果。这是人类与自然和谐共存的生态智慧最好的体现。

我是被关在笼中的椰子狸

果子狸是大自然千千万万种生物中很微小的一员，却是大自然生物链上十分重要的一环。大自然十分简单，它可以是一片森林，也可以是一片湖泊，或者是一片草原，可是这背后却隐藏着十分复杂的关系。像前文中所描述的生物链在大自然中可不止一条，而是有千万条，这些链条上的每一个物种都是独一无二的一环。果子狸在这种链条上的作用可能除了传播种子之外还有其他的作用，只是我们的科学家们还没有研究出明确的结果，比如有研究者观察到果子狸还有取食动物尸体的习性，这一点类似于自然界中的食腐动物。自然界中的食腐动物是大自然中的“清道夫”，它们可以清除动物尸体，有效防止尸体携带的病毒或尸体腐烂而滋生的细菌在动物间的传播，防止尸体腐烂产生的气体和其他液体对环境产生的危害，同时，取食尸体后还可以达到将动物尸体上的有效养分快速循环到生态系统中去的目的。因此，随着对果子狸研究的深入，可能它在自然界中发挥的作用也被越来越多地发现，而目前我们对它的了解还十分有限，一旦果子狸在自然界中消失，可能会导致它所参与的生物链的断裂，大自然就有可能失去平衡，各种难以预想的灾害或后果都有可能发生。因此，虽然果子狸会携带病毒，让人很难喜爱它，但是它却一定是大自然的“宠儿”，因为只在大自然中才知道它有多么重要。

二、果子狸的野外生存现状

果子狸在野外的分布一直很广泛，而且近几年全国各地的研究人员也发现在野外记录到果子狸的存在并非难事，利用针对野生动物设计的红外触发相机，也在我国的很多地方拍摄到果子狸的照片，可以推测，野外的果子狸有一定的数量，而且一段时间内也并不存在灭绝或者濒危的风险。也许是基于此原因，在我国的国家重点保护动物名录中，一直没有见到果子狸的名字，只是部分省份将果子狸列为省级重点保护动物。而国际上的世界自然保护联盟（IUCN），这一对全世界的物种的濒危程度进行评价的专业组织也对果子狸在全球范围内给出了“无危”级别的濒危程度评价，也就是说，这种评价结果可以让我们暂时不用过于担心果子狸在大自然中

我怀念以前的家园

的命运，果子狸在野外的生存可以说暂时无忧。

三、果子狸在野外的生存还有哪些威胁

在全世界的物种的濒危程度评价中，“无危”并不代表着没有危险。尽管果子狸在野外还有一定的数量，但是我们也要认识到，在野外还是有很多因素对果子狸的生存产生威胁。随着人类经济社会的快速发展，果子狸家族仍然面临着巨大的生存危机。天然栖息地的减少、人类对野生果子狸过度的捕猎等因素都对它们的生存产生了巨大的威胁。

● 家园的“破碎化”

要说起对果子狸的威胁，最大的应当是它的栖息地的破碎化，也就是说果子狸的家园不再完整，而是被分隔成一个个片断化的区域。

果子狸赖以生存的家园是森林，森林为果子狸家族提供了天然的庇护

所，为它们提供充足的食物和赖以生存的栖息环境。可是人类为了自己的发展，不断地利用森林中的自然资源：砍伐森林以获取木材、开垦荒地以种植庄稼、修建道路以方便出行、建设城市以满足生存需求，等等。这些行为本无可厚非，也是人类生存于地球上的正常需求。但是，问题出在哪里呢？问题在于我们的贪婪和无节制。为了追求更大的利益而过度地砍伐森林、为了节省资金而让本可绕行的道路穿越动物的栖息地、为了发展经济而无节制地扩张城市，这些缺少科学的保护理念、没有充分的科学论证，甚至缺少对大自然的敬畏的行为让我们的地球不堪重负。我们人类的这些行为，挤占了森林中野生动物的天然栖息地，超出了自然界能承受的限度，打破了大自然的平衡。最终，人类的活动和干扰无处不在，野生动物赖以生存的栖息地却变得越来越少，我们破坏了动物们的家园。

人类干扰活动的加剧，不仅仅使像果子狸这样的野生动物的家园越来越小，而且它们家园也越来越呈现“破碎化”“岛屿化”的趋势。因为类似果子狸这样主要依靠取食植物果实的“种子传播者”对食物的要求较高，对原始森林尤其依赖，所以，它们受到人类的影响尤为严重。它们无法再自由地活动在广阔的大森林中，而只能被局限在一个个相互隔离的小片森林中，果子狸们想要相互交流就变得非常困难，年轻的小果子狸们想要找寻自己同龄的小伙伴也变成了一件有风险的事情，因为要想到其他森林中做客，它们需要越过道路、穿过农田、跨过城市，这对于深居在森林中的果子狸们来说风险太高了。但是，交流还是必须的，为了找寻更多、更可口的食物，果子狸有时也必须冒这样的风险，已经发现有越来越多的果子狸出现在一些没有森林的地方，如在农田中会发现果子狸的存在，在城市周边也会见到果子狸的身影。然而这些本不是它们喜欢的生态环境，可是它们被迫在不同森林“斑块”间迁移，被迫出现在人类生活的地方以寻找食物，这就让果子狸们更加容易受到人类以及其他天敌或者人类饲养的动物的攻击，让它们的正常生活受到干扰和威胁。

● 非法的猎捕对它伤害很深

除了果子狸的家园受到越来越多的破坏和干扰，作为森林中野生的一员，人类对果子狸的非法猎捕和无序利用，仍然是果子狸家族面临的巨大的生存威胁。

猎捕野生动物曾经是人类发展历史上获取蛋白质最为直接的方式，对果子狸的利用自古以来就存在。但是我们应该知道，这些行为本应发生在人类发展的初期，那时的人类从大自然中获取赖以生存的资源，也是为了生存。古代的人类远没有现代的人类如此强大，更多的可以看作生存于自然界中的一员，对大自然的利用也是自然平衡的一种方式。而且，我们更应该知道，古代的人类也并非无序或贪婪地利用野生动物，我们的祖先在很早之前就懂得了保持自然平衡、保护野生动物，懂得了不能“涸泽而渔”的道理。早在春秋时期，齐国就规定山林水泽要按时封禁和开放。《管子·地数》记载：“苟山之见荣者，谨封而为禁。有动封山者，罪死而不赦。有犯者，左足入，左足断，右足入，右足断。”可见当时的人们已经有了很强的保护意识。《吕氏春秋·士容论》中也记载，当时制定了春夏秋冬的禁令：规定在生物繁育时期，不准砍伐山中树木，不准在泽中割草烧灰，不准用网具捕捉鸟兽，不准用网下水捕鱼，等等。由此可见，古人尽管对野生动物有利用，但是祖先们也早就有了保护大自然、敬畏大自然的意识，有了有序利用野生动物的规定，这些都说明了人类要与动物以及自然和谐相处。

古人对待大自然中的野生动物尚且如此，而今天我们人类的一些做法却非常值得思考和商榷。我们的社会发展到当前的这个阶段，我们已不再依赖于去猎捕野生动物来补充蛋白质，更不需要我们去砍伐原始森林来建造房屋。各种已驯化和饲养的家禽、家畜，各类人工培育的农作物，多样的建筑材料等足以满足我们人类的各种需求。从大自然中野生的动、植物当中获取生存所需的资源，已经不再是人类赖以生存的手段，我们已经有能力通过科技的手段来维持人类的生存，有能力通过科学的方式来保护我

今天吃点什么呢？

们赖以生存的自然环境，有能力通过人类的力量来维持仅存的原始森林，来给我们的动物朋友留下一片生存的空间！

四、人与动物的和谐相处

我们早已知道，在这个地球上不仅仅只有人类，地球也不仅仅是人类独享的，它还是千千万万种动物的家园，还是千千万万种植物的生存之地。科学家研究告诉我们，地球上共有各类动物150多万种，它们有的很常见，有的却已经濒临灭绝，有的生存在我们的周边，有的藏在原始森林，我们难得一见。无论哪一种动物，都是我们生存的地球这个大家庭中的一员，是我们的朋友，我们需要善待它们，而不是利用或伤害它们。

善待野生动物，应当从了解我们身边的野生动物做起。我们生活在城市中，那么城市是不是就只是我们人类的家园了呢？当然不是，在现代城市中，我们其实并不孤独，也有很多常见的野生动物陪伴在我们身边。那么我们最容易见到、大家首先想起的野生动物有多少呢？北方的人们可能会想起鸽子、喜鹊，南方的人们可能会想起青蛙、猴子……对动物更加熟悉和喜爱的人或许会有更长的名单：燕子、斑鸠、啄木鸟等鸟类，以及唯一会飞的哺乳动物蝙蝠，古老的爬行动物壁虎，家鸭的祖先绿头鸭，被人们称为“黄大仙”的黄鼠狼等等，当然还有种类多到不计其数的昆虫……它们都生活在我们的身边，我们的家园也为它们提供了栖身之地。

请不要伤害我

● 野生动物并非万恶之源

可是，这些看起来如此可爱、如此耳熟能详的动物却有时候让人类对它们又爱又恨。比如蝙蝠，大家都知道它会携带很多病毒，成为人们眼中的毒王；再比如禽流感，这种能够感染人类的疾病也让我们对天空中的小鸟倍加戒心，好似是它们带给了我们疾病。实际上是这样吗？

事实并非如此。表面上是一些野生动物携带的病毒给我们带来了疾病，其实并不是病毒主动袭击了人类，而是人类打开了“潘多拉”的魔盒。过去，部分人类为了猎奇、炫耀，捕杀了许多珍稀野生动物，象牙、犀牛角等对于野生动物来说非常重要的器官，经人类加工制作成了野生动物制品，成了人类生活中的“重要”装饰。这种行为导致人类的世界中出现了像艾滋病、埃博拉这样的沉痛教训，尽管如此，人类也没有放下屠刀，全然无视野生动物那绝望的眼神，全然无视全人类自身的健康。

尽管人类历史上有许多传染性疾病和动物有关，或者病毒的自然宿主是某种野生动物，或者是由某种野生动物传播，但真正的肇事者并非野生动物，恰恰是我们人类自己。人类在地球上的力量已足够强大，称为“自然之主”并不为过，但作为一家之主，人类对于野生动物所表现出来的喜爱更多的是源于自私，而不是源于审美，更不是源于本质上的和谐相处。当传染病如同悬在人类头上的达摩克利斯之剑，随时都有可能使人类面临杀身之祸之时，面临着传染病的肆虐和疫情的猖獗，对病疫手足无措的情况下，人类将攻击的矛头指向了无助的动物，对待野生动物这件事上充分地暴露了人类的丑陋，显现了人类的促狭和小气，动物不会说话，无法表达自己的感受，也无法为自己辩解，但事实的确如此。

● 我们正在失去我们的朋友

疯牛病暴发，于是人类杀牛；禽流感流行，于是人类杀鸡捕鸟；狂犬病来源于狗，于是就有数十万只狗惨遭棍棒屠戮……这些将疫病之祸迁怒于动物的事情，人类做了太多太多，但是疫病却始终与我们如影随形，一波未平一波又起。

生命本是平等的，任何生命都值得敬畏。我们人类并非大自然的主宰，我们也是大自然的一员，野生动物同样是大自然的主人，是我们的朋友。可是现在，我们正在失去我们的朋友。

世界自然保护联盟（IUCN）罗列了截至1996年的5205个物种的“红色警告名单”。它们全部面临灭绝的命运。原因很多，包括自然栖息地被毁、引进的物种和人类捕猎对它们生命带来的威胁。许多物种如大象、犀牛、野虎、大熊猫、鸟类等动物，如果不采取保护措施，它们都将面临恐龙一样的命运。据最新统计表明：截至2018年，《世界自然保护联盟濒危物种红色名录》中，一共包括了96951个物种，其中26840种濒临灭绝。由于鸟类和哺乳类动物体形大，引人注目，所以它们的濒危状态更容易引起重视，但除此之外，还有相当数量的鱼类、昆虫和植物正在我们身边悄悄地灭绝……据联合国环境规划署统计，在仅存的1亿个物种中，鸟类每两年灭绝一种，兽类每一年就消失一种。今后的趋势可能是，植物将以每小时一种的速度灭绝，动物每天减少一种。如此惊人的速度，人们不禁要问，这仅存的1亿物种在地球上还能生存多久？据悉，恐龙在地球上生存了7000万年，人类才不过300万年。依照目前利用资源的速度，现在的地下能源仅够用170年，170年以后人类会怎样，还有300万年吗?

● 我们需要敬畏每一个动物

对待自然、对待环境皆以生命为本，崇尚和谐与包容。我国古代的思想家就已提出诸如“仁者，以天地万物为一体”之类的观点。孔子说：“伐一木，杀一兽，不以其时，非孝也。”荀子说：“草木荣华滋硕之时，则斧斤不入山林，不夭其生，不绝其长也；鼋鼍、鱼鳖、鳅鳝孕别之时，罔罟、毒药不入泽，不夭其生，不绝其长也。”

古人朴素的生态观，表明了他们对生命的敬畏。生命是天地万物中唯有生物才拥有的，敬畏生命就是敬畏生物。人类亦是天地万物中的一部分，与其他生命血肉相连，彼此之间应相互尊重，其他生物又需要由人类加以呵护。当它们受到伤害时，我们要有怜悯、同情之心，尽力保护它们。这种朴素的生态道德观，体现了视万物为一体的博大胸襟。古人以朴素生态观，体现着对大自然的索取有理、有节、有情的原则。人类必须依赖自然生存，不可避免地要从自然中获取资源。但是，在这个过程中，人类要懂得尊重自然规律和生命规律，取用有节有度。如果恣意妄为，对其他生物造成伤害，最终必然会危及人类自身。

在野外的我，自由又快乐

自然平衡与我们的生活息息相关，现代工业文明的快速发展，催生了太多以牺牲生态平衡为代价换取人类短期利益的案例。温室气体的过量排放造成了全球气候变暖，人口的爆炸式增长和对自然资源的过度利用造成的荒漠化、水污染等环境问题，无时无刻不在提醒着人类自然平衡的重要性。

自然发展的规律告诉我们，要实现经济社会的可持续发展，就要在开发利用自然中实现人与自然的和谐相处，而其中的重要一环就是实现人与动物的和谐相处。印度的圣雄甘地曾说：“一个国家的伟大可视其如何对待动物加以衡量。”如果我们想与我们身边的自然环境和野生动物和睦相处，我们就必须像善待我们的家人一样善待它们，我们之间的关系，并不是利用与被利用的关系，而是一荣俱荣，一损俱损！善待自然，善待动物，顺应自然，我们的生活会更美好！

● 人与动物和谐相处，人类要做到“三不”

为了我们这个共同的地球家园，作为地球上非常重要的力量，人类应该如何保护野生动物？如何与野生动物和谐相处？这是一个看似非常简单，但又非常困难的问题，简单的是似乎谁都能说出如何做，而难的是似乎人类又一直都没有做到过。我们国家已经下定决心解决人与动物的相处问题。《中华人民共和国野生动物保护法》在2018年进行了第三次修改，新的法律更加全面、更加完善地加强对野生动物的保护；2020年2月24日，全国人民代表大会常务委员会《关于全面禁止非法野生动物交易、革除滥食野生动物陋习、切实保障人民群众生命健康安全的决定》发布了我国历史上最严厉的“禁食令”，有人也叫它“禁野令”。全国人民上下一心，正在做着一项可以载入史册的伟大工程，正在改变前人不曾改变的滥食野生动物的陋习，正在打造符合五千年中华文明历史的正确的饮食文化和传统，历史正在创造。在中华民族发展过程中的伟大时刻，我们每一位中国人要洁身自好，从我做起，切实做到不吃野生动物、不猎捕野生动物、不接触野生动物。

不吃野生动物，这已经是社会文明发展到现代这个阶段人类的共识，它不仅仅是一种文明的习惯，更是人类文明进步的体现。人类不再生活在茹毛饮血的时代，不再是缺衣少穿的困难时期，高度发达的科技和高度发展的人类文明已经指示我们需要回归自然，需要尊重自然、尊重自然中的每一个生命。

不猎捕野生动物，这是尊重野生动物的具体表现。在大自然中人类也是一种动物，也是其中普通的一员，我们并没有比其他动物更加高贵，我们没有资格奴役和猎杀它们。大自然的免疫和自我保护系统一定会让那些不尊重自然的行为受到惩罚，不猎捕野生动物是人类在自然界中生存的基本法则。

不接触野生动物，这是为了保护野生动物，更是为了保护我们自己。野生动物身上可能携带有会感染人类的病毒，同样人类身上也有可能携带让野生动物致命的病毒，过度的接触也有可能给野生动物带来巨大的伤害。如人疱疹病毒，全世界约 80% 的人患过疱疹，它对人类并没有太大的危害，但是对一只猴子来说，感染人疱疹病毒却是致命的。因此，保持距离、保持平衡是保护野生动物，也是保护我们自己。

与野生动物和谐相处，切实尊重野生动物、尊重生命、尊重自然，与动物和谐相处。让动物回到它们祖先的家，对于在林间嬉戏的鸟儿、山间穿梭的灵猫、水里畅游的鱼儿来说，人类默默地远观和不打扰就是最好的保护。

（刘晟源）

结 语

以果子狸为代表的野生动物，它们来自大自然，也是大自然的一分子，它们被贪婪的人类“请”出了原始森林，被迫走进人类的生活。如今，这些来自大自然的“客人”是时候离我们而去，回到他们本应该生活的大自然中。

人与野生动物和平相处永远是保护生态环境的主旋律，而这种和平相处并不包括千百年来人类对野生动物食用。“食用野生动物是天经地义”的陈旧思想不是和平相处的体现，野生动物也并非生来就是人类案板上的“鱼肉”。人类从未真正主宰大自然，也不是动物们的“主人”，尽管我们已经利用了它们上千年。时代在发展，世界在改变，人类要想真正的与大自然和平相处，必须学会改变，甚至要抛弃千百年来形成的自以为是的“理所当然”。

人类在这个地球上并不孤独，我们有很多的好朋友，果子狸也是地球的主人之一。地球上的任何生物犯错都要受到教训，并要付出代价，人类也不例外。我们付出惨痛的代价之后，一定要牢记这个教训并为之做出改变，才能避免悲剧的重演，人类才能和其他动物们和平地生活在这个共同的地球上。